N° 540.

RÉPUBLIQUE FRANÇAISE.

Liberté, Égalité, Fraternité.

ASSEMBLÉE NATIONALE.

RAPPORT

FAIT

Au nom du Comité de l'agriculture et du crédit foncier, sur la proposition du citoyen Dufournel, relative au reboisement des terrains infertiles, et au défrichement et à la mise en culture des sols forestiers susceptibles d'être convertis en bonnes terres arables,

PAR LE CITOYEN RAMPONT,

Représentant du Peuple.

Séance du 17 octobre 1848.

CITOYENS REPRÉSENTANTS,

Le citoyen Dufournel a présenté à l'Assemblée Nationale une proposition relative aux reboisements.

Cette proposition renvoyée au comité des travailleurs, parce qu'un de ses résultats les plus im-

(Proposition n° 316.)   1

portants est de créer du travail pour un grand nombre d'ouvriers, intéresse aussi à un haut degré les Comités de l'administration communale et départementale, parce qu'elle est utilement applicable aux communes ; des finances, en ce qu'elle a trait aux forêts de l'État, et à l'administration forestière ; de l'agriculture enfin, parce que tout ce qui s'occupe de la terre et des améliorations à créer sur le sol, est du domaine de l'agriculture.

Chacun de ces Comités, à la demande de l'auteur de la proposition, d'accord en cela avec le Comité des travailleurs, a nommé une sous-Commission de cinq membres, qui, réunis au nombre de vingt en un seul Comité, ont eu pour mission d'étudier en commun la proposition du citoyen Dufournel. Elle a été ensuite discutée et modifiée, ainsi que le projet de décret élaboré par votre commission, en assemblée générale des quatre Comités réunis en dix séances consécutives.

Examinée dans son ensemble et d'un point de vue général, cette proposition intéressante à plus d'un titre, a pour but le reboisement du sol impropre à toute autre culture, et la production très-prochaine d'une somme considérable de travail. Elle emploie comme moyen le défrichement successif et proportionnel de la portion la plus fertile du sol forestier, et a pour résultat définitif la création d'une quantité notable de nouveaux propriétaires.

Admis à assister aux séances de votre Commission et de l'assemblée générale des quatre Comités, pour fournir toutes les explications jugées nécessaires, M. Dufournel a exposé sa proposition, en l'accompagnant de développements étendus dont j'ai cherché à vous apporter ici un résumé fidèle.

Mon but, a-t-il dit, est de reboiser dans le courant de cet hiver, du 1ᵉʳ novembre 1848 au 1ᵉʳ juin 1849, une quantité considérable de terrains maintenant improductifs, d'en faire disparaître la désolante aridité sous l'abri fertilisant des forêts, d'amoindrir et de détruire successivement les causes incessantes de dangers, de destruction et de stérilité qu'ont amené les défrichements excessifs et inconsidérés d'autres époques, de doter la France de tous les avantages, de toutes les richesses qui résulteront un jour pour elle de la création si utile de nouvelles et grandes forêts, couvrant, dans l'avenir, des sols maintenant appauvris ou ravagés par les torrents, enfin, de créer immédiatement, pour l'hiver, une quantité considérable d'ouvrage pour les nombreux travailleurs que la crise industrielle et financière a pour longtemps encore privés de tous moyens d'existence. Ce résultat est d'une grande importance, car le travail fourni sera immense, à la portée d'un très-grand nombre, parce qu'il est d'une exécution facile et réparti sur toute l'étendue du territoire de la République.

Venant ensuite à l'opération même du reboisement, il nous a dit : toute opération de ce genre se résume, pour celui qui l'exécute, en une avance d'argent plus ou moins considérable, et qui, capitalisée jusqu'au jour où la plantation commence à produire utilement, donne quelquefois lieu à une perte réelle assez importante. Les calculs, d'accord en cela avec l'intelligence instinctive des populations ne le prouvent que trop bien ; car, malgré l'exemption d'impôts consentie par l'État pour vingt années en faveur des citoyens qui reboisent, ne voyons-nous qu'une très-faible quantité de nouvelles forêts s'élever sur les terrains incultes ou improductifs. Il faut donc indemniser le planteur dans une proportion convenable pour l'encourager à couvrir de bois des terrains que, sans cette mesure, il lui serait plus avantageux d'abandonner à leur stérilité naturelle. Il n'y a pas de reboisement libre possible sans prime ou sans une indemnité a sez élevée pour couvrir à peu près les frais de plantation.

Cette indemnité qui donnerait lieu à une dépense considérable, effrayante même s'il fallait la prendre dans les coffres de l'État, se trouvera, sans qu'il soit fait appel à ses ressources financières, sans qu'il en résulte pour lui ni inconvénient, ni danger, dans une opération inverse de celle du reboisement, le défrichement successif, et en six années, d'une portion comparativement peu considérable du sol forestier placé dans des conditions de fertilité incontestable et durable. Elle sera libéralement fournie par l'humus accumulé sur ces terrains pendant la longue durée des siècles, et par cette exubérante fertilité que donnent à la terre les détritus fécondants des vieilles forêts. Et en effet, ces sols si productifs, si généreux qu'ils fourniront les trésors nécessaires à l'exécution des travaux de reboisement, l'État ne les vendra point à des spéculateurs dont ils feraient la fortune, comme cela est déjà tant de fois arrivé ; mais il les concédera par lots de deux hectares, au prix d'estimation fixé par un jury composé de citoyens honorables et éclairés, à des hommes pauvres, honnêtes, laborieux et chargés d'une nombreuse famille, au prix ordinaire des terres arables de même nature du pays. Cette vente ainsi faite donnera à l'État un produit annuel double de celui que lui rapportent ses forêts.

Pendant la période de fertilité qui se manifeste nécessairement sur tout terrain de bonne nature nouvellement défriché qui souvent reste plus de dix ans productif sans avoir besoin d'engrais réparateurs, l'État prélèvera une part égale au cinquième du produit brut. Ce prélèvement, dont l'évaluation faite par le jury sera variable suivant la qualité des sols et la richesse des détritus accumulés, servira à payer l'indemnité accordée aux planteurs; et cependant il restera encore au cessionnaire une récolte d'un produit net aussi élevé que l'eût donné un sol de même nature depuis longtemps cultivé et largement fumé; et dans les années suivantes la propriété conservera encore une fertilité bien supérieure à celle des terres voisines, et sera moins avide d'engrais, de sorte qu'avec les produits de son petit domaine joints à ceux de son travail extérieur, le cessionnaire pourra se libérer envers l'État, intérêt et capital, en trente-six annuités.

Tel est l'ensemble de la proposition développée devant nous par M. Dufournel; elle se résume en ces deux points principaux : production immédiate d'une grande somme de travail par le reboisement des montagnes ou des terrains infertiles ; création de nouveaux propriétaires par la cession qui leur sera faite de portions de bois défrichés dont les produits surabondants seront en partie employés couvrira les frais de reboisement.

La question du travail, Citoyens, est de la plus grande importance ; elle intéresse au plus haut point notre époque et surtout notre situation politique. Les entreprises industrielles et manufacturières surexcitées sous le dernier règne, les immenses travaux exécutés lors de la construction des fortifications de Paris et des diverses lignes de chemins de fer ont fait sortir des campagnes et jeté au sein des villes une immense population ouvrière. Vivant d'un salaire à peine suffisant, lorsque l'industrie est florissante et les travaux abondants, cette population se trouve réduite à la gêne, quand l'industrie souffre ; à la détresse, lorsqu'elle chôme ; à la plus extrême, la plus effrayante misère, si elle vient à s'arrêter entièrement.

Et nous sommes dans un de ces moments suprêmes, et l'Europe presque entière avec nous, où l'industrie s'arrête et s'éteint, pour ainsi dire, dans l'enfantement d'une sérieuse transformation et dans le travail d'une constitution nouvelle, autant que sous le poids de la crise financière et révolutionnaire qui nous domine. Ces deux causes réunies nous font prévoir que de longtemps encore la situation industrielle ne s'améliorera pas de manière à pouvoir suffire aux besoins de sa nombreuse population. Et cependant la misère déjà si grande fait dès progrès rapides et nous menace de toutes ses horreurs pour l'hiver. Dans cette rigoureuse saison, outre l'industrie défaillante, les ateliers des différents corps d'état travaillant en plein air vont également se fermer et augmenter le nombre des bras inoccupés.

A cette situation pleine de périls nous n'avons qu'un moyen à opposer, le travail ; qu'une ancre

de salut, le travail dans quelques conditions qu'il
s'offre à nous. L'humanité, la politique nous font
un devoir de le chercher, de le créer même au besoin; les débats de la constitution nous en font une
loi. Nous devons donc l'accepter avec empresse-
ment, surtout lorsqu'il se présente à nous dans des
conditions d'utilité générale incontestables, et
lorsqu'il réalise une de ces améliorations réclamées
depuis longtemps par le véritable intérêt national.
Tel est bien le caractère du travail créé par le reboisement opéré sur une grande échelle, cinq cent
mille hectares à peu près. La somme de travail à
exécuter est immense, son utilité reconnue depuis
longtemps.

Les déboisements inconsidérés des montagnes,
des sols en pente, qu'ils aient été exécutés par la
main de l'homme, ou par la dent destructive des
animaux domestiques, ont eu pour résultat de mo-
difier d'une manière fâcheuse les conditions mé-
téorologiques du pays. Ils ont amené la disparution
de sources et de ruisseaux nombreux qui autrefois
entretenaient la fertilité et la fraîcheur dans de
belles vallées maintenant desséchées et stériles.
Ils ont produit l'aridité du sol, la fréquence des
avalanches, la formation de torrents dévastateurs,
qui couvrent de débris arrachés aux flancs des
montagnes des plaines et des vallées entières
abandonnées maintenant par leurs populations
ruinées. Ils sont la cause de l'encombrement du
lit des rivières et des fleuves, d'inondations terri-
bles et désastreuses que nous voyons se renouve-
ler trop souvent.

Tous ces maux incalculables produits par les
déboisements, le reboisement seul peut en ar-

réter le cours, en enlevant au pâturage et à l'agriculture des terrains infertiles que l'assolement séculaire des forêts leur rendra un jour féconds et productifs.

Depuis longtemps cette question capitale est à l'ordre du jour en France ; elle a été l'objet des préoccupations de Turgot, de François de Neufchâteau, et après eux de tous les hommes éminents auxquels ont été confiées les destinées de notre pays. A la fin du dernier règne elle a été sérieusement étudiée par des hommes de mérite et des ingénieurs distingués ; mais elle nous est restée entière comme pour nous mettre sur la voie de la solution si difficile et pourtant si impérieuse des questions de la misère et du paupérisme par la création d'un travail sérieux et productif, par l'accession à la propriété rendue plus facile au plus grand nombre et aux plus malheureux. L'humanité, la politique, et l'intérêt national sont d'accord pour nous engager à entrer promptement et hardiment dans cette voie.

Plusieurs moyens ont été proposés pour l'exécution du reboisement ; la coërcition par Turgot, l'expropriation temporaire ou absolue par beaucoup d'autres, et la plantation par l'État ; et enfin un système d'indemnités ou de primes accordées par l'État aux planteurs.

C'est à ce dernier moyen que s'est arrêté M. Dufournel, celui qu'a adopté aussi votre Commission. Il a posé en principe et établi par des calculs sérieux que toute opération de reboisement se réduisant souvent en perte pour celui qui l'exécute, il est juste et nécessaire d'indemniser autant que possible le propriétaire afin de l'encourager à planter. Votre Commission, d'accord avec l'auteur du projet, a fixé à cent vingt-cinq francs par hectare le maximum de la prime à accorder. Elle croit cette somme suffisante pour, en toutes circonstances, déterminer le propriétaire de mauvais terrains à les convertir en bois, et elle laisse à un jury nommé à cet effet dans chaque canton le droit d'apprécier et de fixer le chiffre de la prime qui, dans aucun cas, ne pourra excéder le taux réel des frais de plantation.

Pour la garantie de la réussite de l'opération, la Commission a renvoyé à la 5ᵉ année le paiement de l'indemnité allouée au planteur en lui tenant compte des intérêts à 4 pour 100 jusqu'à cette époque. Dès la première année, il lui sera délivré un certificat de rente provisoire nominatif non négociable à la Bourse et qui sera changé en titre définitif négociable à la cinquième année de la plantation, après la reconnaissance qui en aura été faite par le jury. Cette indemnité ne sera accordée qu'aux plantations faites à partir de la promulgation de la loi jusqu'au 1ᵉʳ juin 1849, notre principal but ayant été de créer du travail pour l'hiver dans lequel nous entrons.

Votre commission s'est ensuite livrée à l'examen du titre de la proposition relatif au défrichement d'une portion du sol forestier présenté comme moyen d'exécution du reboisement. Les défrichements des bois situés en plaine, bien qu'ils ne soient pas exempts de tous reproches, sont loin de faire craindre les résultats désastreux produits par la dénudation des montagnes et des versants rapides. Et l'arrachement de 100 mille hectares s'effectuant en 6 années, ne diminuera pas d'une

Nᵒ 540.

manière sensible nos richesses forestières, tandis
que la production générale du pays en sera nota-
blement accrue ; car tout bois situé en plaine re-
celle des richesses considérables que la culture
seule peut en tirer. Ces fonds de bois livrés à la
charrue donneront pendant une assez longue
période des produits presque décuples de leurs
revenus ordinaires et qui cette fois du moins pro-
fiteront à l'État dans une large proportion.

En effet, quand l'État vend une forêt, il est
rare que, même en accordant l'autorisation de
l'arracher, il en tire un parti tel que la superficie
étant enlevée, le fonds revienne à l'acquéreur au
prix moyen des terres arables de même nature.
L'acquéreur a pour lui la richesse enfouie dans le
sol et réalise ainsi en peu d'années une fortune
considérable.

Dans le système de l'auteur de la proposition,
modifié dans une des réunions des quatre Comités,
la richesse du sol est également profitable à l'État
et à l'acquéreur qu'il se choisit lui-même.

Le jury composé de manière à sauvegarder tous
les intérêts fait des lots de deux hectares, les es-
time à leur valeur réelle en tenant compte de la
richesse de l'humus accumulé sur le sol, et de la
fertilité exceptionnelle qui en résulte, mais en
évaluant aussi les dépenses premières que certains
terrains exigent pour être cultivés avec avantage.

Ces lots ainsi estimés sont attribués à des concessionnaires honnêtes, laborieux et sans patri-
moine, auxquels l'État accorde trente-six ans pour
se libérer par annuités du capital et des intérêts.

L'intérêt est fixé à 4 pour 100 et 1 pour 100

pour l'amortissement du capital pendant trente-six ans.

L'Etat se trouve ainsi à l'abri des difficultés que lui aurait suscitées le prélèvement du cinquième du produit brut pendant dix ans, et de son côté, le concessionnaire peut profiter des ressources que lui fournira, pendant les premières années, une culture productive et peu coûteuse, pour améliorer sa position et se procurer les moyens de maintenir la fertilité du sol qui lui est dévolu. Dans ce système, aucune charge ne vient peser sur lui, et il lui est facile, pour peu qu'il soit laborieux et intelligent, de se libérer dans le délai fixé par le projet de décret.

L'Etat, de son côté, vend sa propriété dans toute sa valeur, ce qui lui arrive rarement, et peut ainsi subvenir aux frais de reboisements considérables. D'une part, il rend à la sylviculture les sols infertiles dont la dénudation est une source de dangers continuels, et, de l'autre, il donne à l'agriculture des terrains dont la fertilité est de nature à augmenter de beaucoup la richesse nationale.

Mais de quelle minime importance est ce résultat comparé à celui que doivent produire la distribution sur tout le territoire d'une quantité considérable de travail et la création de nouveaux propriétaires?

Déjà nous avons examiné la gravité de la question du travail. Des efforts que fera l'Assemblée Nationale pour lui trouver une solution sérieuse et praticable dépend l'avenir de notre société. Avec le travail renaîtront le calme et la sécurité; avec lui reviendront la confiance et la reprise des affaires, et dans ces conditions si désirables la République pourra enfin s'asseoir sur des bases solides et inébranlables.

Ces heureuses conséquences seraient encore plus assurées si, à coté du travail qui fait vivre seulement, il était souvent possible de placer la propriété comme sa rémunération naturelle, et d'en rendre l'accession plus facile au courage et à l'économie du travailleur !

C'est ce que renferme la proposition qui vous est soumise. Le lot de 2 hectares est un prix à gagner offert au labeur, à l'activité et à la moralité des familles malheureuses. Et si l'État pouvait en créer un grand nombre dans ces conditions, ou d'autres à peu près semblables, il lui serait facile de fixer à la campagne les populations que l'appât trompeur d'un salaire plus élevé entraîne fatalement vers les centres industriels.

Ce côté de la proposition nous a particulièrement frappés et nous a engagés à en conserver toutes les dispositions qui peuvent tendre à produire ou à favoriser la diffusion de la propriété entre les mains de ceux qui possèdent le moins.

Nous pensons qu'il existe dans ces dispositions de sérieux éléments d'ordre pour le présent, et des gages de sécurité et de prospérité pour l'avenir.

Ces graves motifs nous déterminent à vous proposer de prendre en sérieuse considération la proposition du citoyen Dufournel et le projet de décret élaboré au sein des Comités réunis.

PROJET DE DÉCRET,

AMENDÉ PAR LE COMITÉ.

TᵢTRE PREMIER. — *Du reboisement.*

Article premier.

Toute création nouvelle de bois, jusqu'à concurrence de 500,000 hectares, effectuée, conformément aux dispositions de la présente loi, par des particuliers, des communes ou des établissements publics, donnera droit à une indemnité qui comprendra, outre les frais de semis ou de plantation proprement dits, les frais de sarclage et d'entretien pendant les deux premières années.

Cette indemnité ne devra pas toutefois dépasser le maximum de *cent vingt cinq francs* par hectare; elle ne pourra, dans aucun cas, être supérieure aux frais de l'opération.

Art. 2.

Elle sera fixée, dans chaque canton, par un jury composé du juge de paix, président; du maire de la situation des lieux; d'un agriculteur désigné par le comice agricole ou la société d'agriculture du canton, de l'arrondissement ou du département; d'un fonctionnaire de l'administration forestière désigné par le conservateur, et d'un agent désigné par le directeur des contributions directes.

Art. 3.

La somme allouée à chaque planteur, en vertu des deux articles précédents, sera convertie en une rente sur l'État, au taux de 4 pour 100 au pair.

Cette rente, représentée par un certificat provisoire nominatif, non négociable à la Bourse, sera délivrée aux ayant droit dans les trois premiers mois de l'année 1850, sur l'expédition du procès-verbal dressé par le jury et constatant que les travaux de plantation ou de semis ont été convenablement exécutés.

Les arrérages de cette rente seront servis tous les six mois à partir du 22 mars 1850.

Art. 4.

Au 1er janvier 1854, il sera fait, par le jury mentionné en l'article 2, reconnaissance des terrains reboisés,

Si la plantation a réussi sur toute l'étendue du terrain, le titre provisoire sera échangé contre un titre définitif et négociable.

Dans le cas où une partie seulement aurait réussi, il sera procédé par le jury à la fixation d'une indemnité proportionnelle, et la rente sera réduite conformément à cette fixation.

En aucun cas, les arrérages perçus ne seront restitués.

Art. 5.

Les travaux de plantation ou de semis devront être exécutés à partir de la promulgation de la présente loi au premier juin 1849.

Art. 6.

Le Ministre des finances est autorisé à aliéner, dans le plus bref délai, par lots qui ne pourront dépasser *cinq* hectares, les terrains de l'État reconnus plus propres à la production du bois qu'à toute autre, à charge, par les acquéreurs, d'en effectuer le reboisement conformément aux dispositions de la présente loi.

Toutefois les terrains compris dans le périmètre des forêts, ne pourront être aliénés; l'administration forestière les fera reboiser, en prélevant les frais de l'opération sur le produit des aliénations faites en vertu du paragraphe précédent.

Art. 7.

Les établissements publics et les communes sont tenus de

reboiser les terrains de la nature spécifiée au premier paragraphe de l'article précédent et dont ils auront la libre disposition.

Toutefois, l'étendue que chaque établissement public ou chaque commune *devra* reboiser ne pourra dépasser le dixième de la contenance totale de ses terrains vagues, à moins qu'il n'en soit décidé autrement par la Commission administrative ou le Conseil municipal.

Art. 8.

À cet effet, dans les quinze jours qui suivront la promulgation de la présente loi, le jury mentionné en l'article 2, dressera un état estimatif de tous les terrains vagues de la nature ci-dessus spécifiée, qui appartiennent à la nation, aux établissements publics et aux communes.

Sur cet état, le Ministre des finances fera choix des lots à reboiser.

Art. 9.

Les terrains reboisés, quelle que soit leur contenance, ne pourront être défrichés.

Art. 10.

Les propriétaires de terrains reboisés devront en assurer la garde; ils ne pourront y introduire des bestiaux avant *trente* ans pour les essences à feuilles caduques, et quinze ans pour les bois résineux, sous les peines prononcées par les articles 199, 200 et 201 du Code forestier.

Art. 11.

Jusqu'à l'âge de trente ans, les semis ou plantations exécutés par des particuliers, en vertu de la présente loi, seront soumis à la surveillance des agents de l'administration forestière, qui auront le droit de verbaliser, soit contre les propriétaires soit contre les étrangers.

Art. 12.

Les semis et plantations exécutés en vertu de la présente loi seront exempts d'impôts pendant *trente* ans.

TITRE II.

Du déboisement et de la culture des bois défrichés.

Art. 13.

Pour faire face à la dépense mentionnée aux articles 1 et 2 de la présente loi, le Ministre des finances est autorisé à aliéner, en proportion d'*un* hectare par *cinq* hectares de terrains reboisés, les fonds de bois de l'État susceptibles d'être défrichés et cultivés avec le plus d'avantages.

Art. 14

A cet effet, sur l'état établi par le Ministre des finances des portions de bois aliénables, un mois après la promulgation de la présente loi, le jury dressera, dans chaque canton, un tableau, par lots de *deux* hectares, de tous les bois ou portions de bois qu'il jugera les plus propres à être convertis en terres arables de bonne qualité.

Sur ce tableau, le Ministre des finances fera choix des lots à aliéner.

Art. 15.

La superficie de ces lots sera vendue par sixième pendant six ans consécutifs, suivant les formes et conditions prescrites par le Code forestier.

Art. 16.

L'adjudicataire, toutes les fois que le cahier des charges lui en aura imposé l'obligation, sera tenu de faire construire dans chaque lot et de laisser en bon état, après la vidange de la coupe, une loge de bûcheron, dont les dimensions et le mode de construction seront déterminés par ce même cahier des charges.

Art. 17.

Dans les trois mois qui suivront l'adjudication de la superficie, le jury fixera le prix du sol de chaque lot, en comparant les terres arables de même nature de la localité et en tenant compte, en outre, de l'accumulation d'engrais produit par les détritus des forêts.

Art. 18.

Dans le mois suivant, l'état estimatif de tous les lots d'un canton sera affiché dans toutes les communes du canton.

Art. 19.

Dans les deux mois qui suivront, tout citoyen qui voudra devenir propriétaire, aux conditions de la présente loi, d'un des lots sus-mentionnés, devra en faire la déclaration au juge de paix du canton de la situation des lieux.

Art. 20.

Cette déclaration devra être accompagnée : d'un certificat du maire de l'une des communes du canton, constatant qu'il y est né, ou qu'il y réside depuis 2 ans ; qu'il est âgé de 21 ans au moins ; qu'il est marié ou veuf avec enfant, ou qu'il est le soutien de sa famille ; qu'il est de bonne vie et mœurs et qu'il n'a d'autres ressources que son travail.

Art. 21.

Dans le mois qui suivra le délai fixé en l'art. 19, le jury, auquel s'adjoindront les maires du canton, révisera les déclarations et arrêtera la liste de celles qu'il aura reconnues valables.

Art. 22.

Si dans un canton le nombre des inscriptions est supérieur au nombre des lots, la préférence sera accordée aux citoyens inscrits ayant le plus de charges.

Art. 23.

Si le nombre des lots, au contraire, est supérieur au nombre des inscriptions, les lots excédants seront attribués, conformément à l'ordre établi par l'article précédent, aux déclarants en sur-nombre des cantons les plus rapprochés.

Art. 24.

Dans le mois suivant, le préfet, sur la liste dressée par le jury, attribuera, en toute propriété à chacun des citoyens inscrits sur cette liste, un des lots sus-mentionnés.

Art. 25.

L'acte de cession sera dispensé du timbre et enregistré gratis

Art. 26.

L'entrée en jouissance du concessionnaire aura lieu au jour fixé pour la vidange de la coupe.

Art. 27.

A partir du dix-huitième mois après l'entrée en jouissance et à la fin de chaque année pendant trente-six ans, il sera payé à l'État une redevance de 4 p. cent. du prix principal fixé en vertu de l'art. 17, plus 1 p. cent. destiné à l'amortissement de ce capital.

Art. 28.

Si des établissements publics ou des communes ayant exécuté des boisements conformément au titre premier de la présente loi, possédent dans leurs forêts des fonds susceptibles d'être défrichés et cultivés avec avantage, ils pourront êtr autorisés à aliéner pour leur compte, conformément aux disposition du présent titre, des portions de ces fonds jusqu'à concurrence d'une étendue égale au cinquième de l'étendue respective de leurs terrains reboisés.

TITRE III.

Du défrichement et de la mise en culture des terres vagues.

Art. 29.

Dans le mois qui suivra la promulgation de la présente loi, le jury dressera un état estimatif et par commune des terrains incultes de l'État, et non compris dans le périmètre des forêts, qu'il jugera les plus propres à être convertis en terres arables de bonne qualité.

Art. 30.

Dans le mois suivant, le jury, composé ainsi qu'il est dit

à l'art. 21, dressera dans chaque commune, et conformément
à l'ordre établi aux articles 22 et 23 ci-dessus, le tableau des
citoyens possédant dans la commune, soit une maison seulement, soit une maison et une ou plusieurs parcelles de terre
dont l'étendue totale n'égale pas deux hectares, et remplissant
d'ailleurs les conditions stipulees en l'article 10 de la présente
loi.

Art. 31.

Dans le mois suivant, le préfet, sur la liste dressée par ce
jury, attribuera en toute propriété aux citoyens portés sur le
tableau, soit deux hectares de terrain pris sur l'état mentionné
en l'art. 29, soit la quantité des dits terrains qui sera nécessaire
pour compléter deux hectares au concessionnaire.

Art. 32.

La cession sera faite moyennant le paiement pendant 36 ans
d'une annuité égale au vingtième du prix principal déterminé
en vertu de l'art. 29.

Art. 33.

La disposition de l'art. 25 est applicable aux cessions faites
en vertu du présent titre.

Art. 34.

Si un citoyen renonçait à l'attribution qui lui serait ainsi
faite, elle sera devolue, conformément à l'ordre établi par
l'art. 22, à l'un des citoyens qui n'aurait pas été appeléau
bénéfice de la présente loi.

Art. 35.

Si, lorsque le nombre des citoyens portés au tableau d'une
commune sera épuisé, il reste sur le territoire de la dite commune des lots non attribués, ils pourront être concédés aux
mêmes conditions à des citoyens des communes voisines qui
n'auraient pas été pourvus.

TITRE IV.

Dispositions communes aux titres I I et III.

Art. 36.

Dans un délai qui sera fixé par le directeur des domaines et qui pourra être prorogé par lui selon les circonstances, le concessionnaire d'un lot sera tenu d'effectuer les travaux de mise en culture, et faute par lui de le faire dans le délai déterminé, comme aussi à défaut d'exécution des autres conditions prescrites en vertu de la présente loi, la concession sera résiliée de plein droit par un simple acte administratif et le lot sera dévolu, conformément à l'ordre établi par l'art. 22, à l'un des citoyens qui n'auraient pas été appelés au bénéfice d'une concession.

Art. 37.

Les lots concédés en vertu de la présente loi ne pourront être aliénés ni saisis réellement pendant les six premières années.

Art. 38.

Sauf le cas de décès des concessionnaires, les terrains concédés ne pourront être non plus donnés à bail pendant les six premières années.

Art. 39.

Un règlement d'administration publique déterminera le mode d'exécution de la présente loi.

www.ingramcontent.com/pod-product-compliance
Lightning Source LLC
Chambersburg PA
CBHW050438210326
41520CB00019B/5980